目录

模块一

园林景观手绘概述   1

单元一　信息时代工程设计领域还需要手绘吗？ ……………… 1

单元二　师法自然与几何对称的东西方园林艺术 ……………… 7

单元三　中国传统园林与山水绘画基础理论概述 ……………… 8

模块二

园林景观手绘之工具运用   13

单元一　读懂大自然的色彩表情 ……………………………… 13

单元二　学会使用马克笔和彩色铅笔 ……………………………… 14

模块三

传统园林景观手绘之基本要素的表现   **19**

单元一　骨法用笔画出感性线条 ···················· 19

单元二　树木及梅兰竹菊等园林植物的表达方法 ········ 27

单元三　园林山石的表达方法 ······················ 33

单元四　动静水体的表达方法 ······················ 39

单元五　配景及点景人物的表达方法 ················ 45

模块四

园林景观手绘之平、立剖面图的表现   **51**

单元一　师法自然的中式园林平、立剖面图的表现方法 ···· 51

单元二　江南园林洞门和漏窗中的文化含义 ·········· 59

模块五

园林景观手绘之透视图的表现   **67**

单元一　透视原理及传统园林中的透视运用 ·········· 67

单元二　曲径通幽的中式园林一点透视效果图画法 ······ 73

单元三　庭院深深的中式园林轴测效果图画法 ·········· 79

模块一
园林景观手绘概述

单元一

信息时代工程设计领域还需要手绘吗?

一、训练目的

① 对传统写意绘画基本概念及主要特征形成初步印象。

② 通过了解白石老人的绘画故事,感受齐白石潜心创作、勇于创新的绘画精神。

③ 感受并初步了解园林景观工程方案及手绘表达的主要内容和表达方式。

二、任务及要求

课后作业:

齐白石写意动物绘画作品鉴赏

任务要求:

查找白石老人虾、蟹、虫、鸟等写意动物绘画作品图片至少各一幅,并了解其中有关的绘画故事并对绘画内容及手法加以点评。

成果要求:

在电脑中对相关资料进行分类整理并在图片旁边加以相关文字说明,打印后贴在下面的图框内。要求图文并茂、条理清晰。

项目实践：
别墅小花园手绘方案研读

任务要求：

以下是某别墅小花园的一幅平面构思草图。仔细阅读草图并自行从网络上查找出图中的户外沙发、凉亭、小拱桥、景墙、树池、对景石等对应的小花园户外设施实景图片。

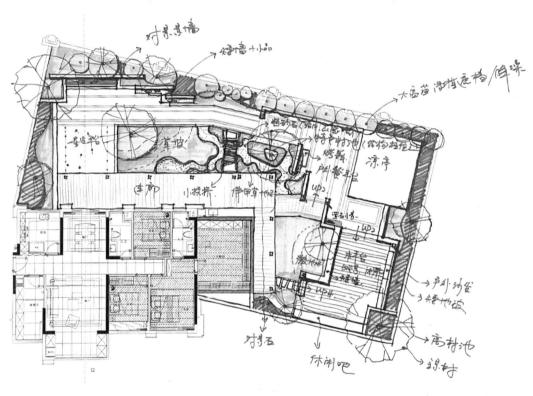

工程方案构思草图——张海滨

成果要求：

在电脑中对相关资料进行分类整理并在图片旁边加以对相关设计风格、个人观感等文字点评，打印后贴在下面的图框内。要求图文并茂、条理清晰。

师法自然与几何对称的东西方园林艺术

一、训练目的

① 通过分析对比能区分出东西方传统园林造园基础理念和思想的不同之处。

② 对中国传统园林的造园要素及园林空间形成初步认识。

二、任务及要求

 课后作业：
承德避暑山庄与巴黎凡尔赛宫的园林风格对比

任务要求：

承德避暑山庄与巴黎凡尔赛宫分别是中西方皇家园林的典型代表，体现了迥然不同的园林哲学思想。查找相关设计背景资料及有代表性的图片，并在风格特色上加以分析说明。

成果要求：

在电脑中对相关资料进行分类整理并在图片旁边加以相关文字说明，打印后贴在下面的图框内。要求图文并茂、条理清晰。

中国传统园林与山水绘画基础理论概述

一、训练目的

① 通过对比训练能正确评价东方写意画与西方写实画各自不同的侧重点和表达方法。

② 加强对传统写意绘画笔法及墨法的进一步理解。

③ 通过了解白石老人的绘画故事，感受齐白石以"红花墨叶"为代表的创新写意绘画精神。

二、任务及要求

 课后作业：
寻找齐白石的荷花与莫奈的睡莲绘画作品中的相同点与不同点

任务要求：

我国的齐白石和法国莫奈是中西方绘画艺术领域具有代表性并负有盛名的画家，两人分别画的荷花和睡莲都极具艺术特色。分别搜集相关图片和文字介绍资料，通过对比总结出二者各自的作品有哪些相同点和不同点。

成果要求：

在电脑中对相关资料进行分类整理并在图片旁边加以相关文字说明，打印后贴在下面的图框内。要求图文并茂、条理清晰。

模块二

园林景观手绘之工具运用

单元一
读懂大自然的色彩表情

一、训练目的

① 理解以拙政园为代表的江南园林中色彩运用的内在逻辑和特色。

② 加强对传统园林中以绿色植物为背景，与花卉、果实等缤纷色彩进行对比等艺术手法运用的理解。

③ 结合粉墙黛瓦的灰调园林建筑背景，进一步感受传统园林师法自然的生态造园理念。

二、任务及要求

 课后作业：
寻找拙政园四季园林的色调变化特点

任务要求：

拙政园位于江苏省苏州市，全园以水为中心，山水萦绕，花木繁茂，具有浓郁的江南水乡特色。园中景色四季分明、各有千秋。分别搜集拙政园四季景色相关图片和文字介绍资料，并分析图片的画面的整体色调与苏州四季转化间存在的相互因果关系。

成果要求：

在电脑中对相关资料进行分类整理并在图片旁边加以相关文字说明，打印后贴在下面的图框内。要求图文并茂、条理清晰。

单元二 ——————————————————————

学会使用马克笔和彩色铅笔

一、训练目的

① 了解硬头马克笔种类和特色。

② 掌握硬头马克笔宽头的基础线条及线条排列画法。

二、任务及要求

课后作业：
马克笔的线条绘画练习

任务要求：

根据课本中的正确握笔姿势及表达要求，按照可供参考的线条图例，在以下图框内完成硬头马克笔的线条绘画练习。

成果要求：

根据课木中的正确握笔姿势及表达要求，按照可供参考的线条图例，完成顺、折、叠、扫、点笔等硬头马克笔及兰叶的软头马克笔的线条绘画练习。

模块三
传统园林景观手绘之基本要素的表现

单元一

骨法用笔画出感性线条

一、训练目的

① 理解传统骨法用笔在笔力、笔法、笔韵等结构表现上的具体要求。
② 掌握黑色记号笔细线条及软头马克笔的基础线条绘画方法。
③ 对中式园林景观工程的各构成要素，如植物、山石、园路、水体等形成初步印象。

二、任务及要求

 课后作业：
马克笔快慢线条绘画练习

1.马克笔线型绘画练习

任务要求：

根据课本中的正确握笔姿势及表达要求，按照可供参考的线条图例，在以下图框内进行马克笔快慢线条绘画练习。

成果要求：

线条表达要顺畅、自然，避免画出无力、僵硬或琐碎的线条效果。先自行在草稿上练习，然后在以下图框内按照可供参考的线条示范图进行分类练习，至少各3幅。

2.软硬头马克笔的植物线条绘画练习

任务要求：

根据课本中的正确握笔姿势及表达要求，按照可供参考的线条图例，进行软硬头结合的马克笔植物线条绘画练习。

成果要求：

线条要能反映出该物体的标志特征及自然形体变化特点。先自行在草稿上练习，然后在以下图框内按照可供参考的线条示范图进行分类练习，至少各1幅。

项目实践：

某现代中式园林景观方案研读

任务要求：

园林建筑（亭台楼阁廊等）、植物、山石、园路、水体、小桥是传统园林景观的基本构成要素。以下为某中式风格住宅小区的园林景观设计方案，仔细观察该方案的平面设计图及意向图，试以苏州四大名园为例找出方案中的园林植物（树木及梅兰竹菊等）、假山、水体等各园林景观要素的图片资料，并在形状、颜色、特色等方面进行具体分析和总结。

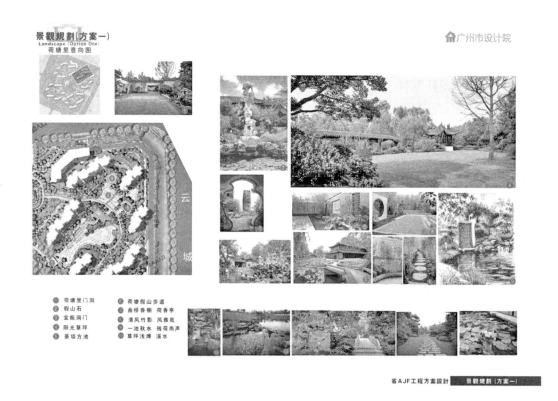

某中式风格住宅小区的园林景观设计方案

成果要求：

在电脑中对相关资料进行分类整理并在图片旁边加以相关文字说明，打印后贴在下面的图框内。要求图文并茂、条理清晰。

树木及梅兰竹菊等园林植物的表达方法

一、训练目的

① 学习中国传统山水写意画中描绘园林植物的骨法用笔线条绘画技法。

② 学会抓住园林工程要素的形体特征，用现代工具快速画出中式风格园林植物手绘图。

二、任务及要求

 课后作业：
树木及梅兰竹线条绘画练习

任务要求：

认真学习课本中的图片及教学视频，抓住植物形体特征完成下列植物的手绘图抄绘。

成果要求：

结合课本上树木及梅兰竹等园林植物的绘画要点，先自行在草稿上进行临摹练习，然后在以下图框内临摹树木及梅兰竹的手绘图。要求以上手绘练习至少各1幅。

项目实践:
中式园林景观实景植物临摹手绘

任务要求:

树形优美、体态自然的园林植物是中式传统园林景观中重要的造景元素。以下为传统园林中的园林植物(树木及梅兰竹菊等)实景图片,仔细观察植物体形、形态特征,并完成相关植物的临摹手绘练习。

传统园林景观植物实景

成果要求:

可参照以上图片或自行查找选择类似的江南园林植物图片作为临摹对象进行临摹练习,图片需打印后贴在下面图框里。要求树木及梅竹等园林植物手绘练习各2幅及以上。

单元三 ——

园林山石的表达方法

一、训练目的

① 学习中国传统山水写意画中描绘山石及假山的骨法用笔线条绘画技法。

② 学会抓住园林工程要素的形体特征,用现代工具快速画出山石、假山手绘图。

二、任务及要求

 课后作业:
园林石及假山石线条绘画练习

任务要求:

认真学习课本中的图片及教学视频,抓住形体特征完成下列园林石及太湖石的手绘图抄绘。

成果要求:

要求利用灰度不同的点及粗细线条来表达园林石的各个面及石筋线。在太湖石的表现中要画出石体变化有致的各个面及简洁的皴纹效果,要将太湖石"瘦、漏、皱、透"的形体特征具体表现出来。

先自行在草稿上临摹练习,然后在下面图框里临摹可供参考的园林石及太湖石手绘图。要求以上图片手绘练习至少各1幅。

项目实践：
中式园林景观实景假山石临摹手绘

任务要求：

由山石及湖石叠成的假山是中式传统园林景观中极具特色的造景元素。以下为苏州园林狮子林中的假山石实景图片，仔细观察各假山石的体形和形态特征，并完成相应的临摹手绘练习。

成果要求：

可参照以上图片或自行查找选择类似的江南园林假山图片作为临摹对象进行临摹练习，相应图片需打印后贴在下面图框里。先自行在草稿上练习，要求假山手绘练习2幅及以上。

江南园林假山实景

动静水体的表达方法

一、训练目的

① 学习中国传统山水写意画中描绘动静水体的骨法用笔线条绘画技法。

② 学会抓住园林工程要素的形体特征，用现代工具快速画出动静水体手绘图。

二、任务及要求

课后作业：

动静水体线条绘画练习

任务要求：

认真学习课本中的图片及教学视频，抓住形体特征完成下列动静水体手绘图抄绘。

成果要求：

水体表现可采用留白及线描的方法，用网状纹或鱼鳞纹来表现相对静止的静水面，山泉溪水的线条要流畅且具有动感，同时将旁边的驳岸、山石暗化以衬出水体的白练之美。

先自行在草稿上进行临摹练习，然后在下面图框里临摹可供参考的动静水体手绘图。要求以上图片手绘练习至少各1幅。

项目实践:
中式园林景观实景水体临摹手绘

任务要求:

山石构成园林的骨髓,水则是活化园林的血液。画论云:"水因山转,山因水活"。以下为中式园林中的水体实景图片,仔细观察动静水体的体形和形态特征,并完成相应的临摹手绘练习。

动静水体实景

成果要求:

可参照以上图片或自行查找选择类似的江南园林动静水体图片作为临摹对象进行临摹练习,相应图片需打印后贴在下面图框里。先自行在草稿上练习,要求动静水体手绘练习各2幅及以上。

单元五 ——————————

配景及点景人物的表达方法

一、训练目的

① 学习中国传统山水写意画中描绘配景及点景人物的骨法用笔线条绘画技法。

② 学会抓住园林工程要素的形体特征，用现代工具快速画出配景及点景人物手绘图。

二、任务及要求

课后作业：
配景及点景汉服人物线条绘画练习

任务要求：

认真学习课本中的图片及教学视频，抓住人物形体特征完成下列人物的手绘图抄绘。

成果要求：

绘画时应着重突出东方女性的纤细柔美和男性的君子气度。先自行在草稿上进行临摹练习，然后在下面图框里临摹可供参考的配景及点景人物手绘图。要求以上图片手绘练习至少各1幅。

项目实践：
中式园林景观实景照片汉服人物临摹手绘

任务要求：

汉服为汉民族传统服饰，汉服风格人物表现应着重突出东方女性的纤细柔美和男性的君子气度。以下为当前较常见的汉服着装人物实景照片，仔细观察人物的动作神态和衣着特点，完成相应的临摹手绘练习。

汉服人物实景

成果要求：

可参照以上图片或自行查找选择类似的汉服配景人物图片作为临摹对象进行临摹练习，相应图片需打印后贴在下面图框里。先自行在草稿上进行练习，要求男女配景人物手绘练习各2幅及以上。

模块四
园林景观手绘之平、立剖面图的表现

单元一
师法自然的中式园林平、立剖面图的表现方法

一、训练目的

① 掌握中式园林平、立剖面图各构成要素的墨线表达方法。
② 掌握中式园林平、立剖面图的色彩表现方法。

二、任务及要求

 课后作业：
中式园林平、立剖面图抄绘练习

1.中式园林平面图抄绘练习

任务要求：

认真学习课本中的图片及教学视频，完成中式传统园林平面手绘练习。

成果要求：

可借鉴工笔画法采用黑色记号笔及直尺等工具先用细墨线分别画出或直接打印出以下图框中的建筑平面电脑图，再继续完成植物、水体、假山等各园林要素的绘制。

要求先对照或参考资料图片在草稿上进行手绘练习，最后在下面图框里完成园林平面手绘图绘制。

2.中式园林立剖面图抄绘练习

任务要求：

认真学习课本中的图片及教学视频，完成下列中式园林立剖面手绘练习。

成果要求：

可借鉴工笔画法采用黑色记号笔及直尺等工具先用细墨线分别画出或直接打印出以下图框中的建筑立剖面电脑图，再继续完成植物、水体、假山等各园林要素的绘制。

要求先对照或参考资料图片在草稿上进行手绘练习，最后在下面图框里完成立剖面手绘图绘制。

项目实践:
中式小庭园景观方案中的平、立剖面图手绘

任务要求:

亭、廊、院墙、漏窗、洞门、水体及树木花草是中式园林中常见构成要素,以下是一个水体、植物等园林配景还有待布置的中式小庭园方案轴测图,请学习并参照江南园林相关庭园资料,将水体、路面及树木花草等配景补充完整,并完成以下中式小庭园平面图手绘练习。

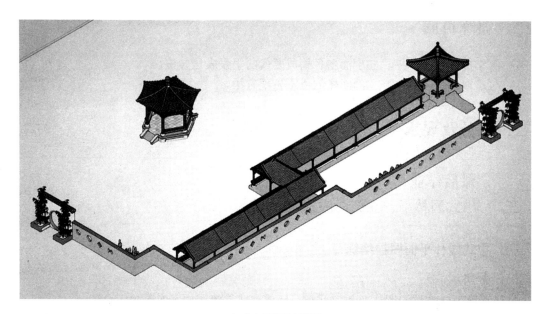

中式小庭园轴测图

成果要求:

先自行打印草稿进行手绘练习,然后对照或参考资料图片将下面小庭院中水体、植物等园林配景先设计补充完整后,再继续完成平、立剖面手绘效果图的绘制。

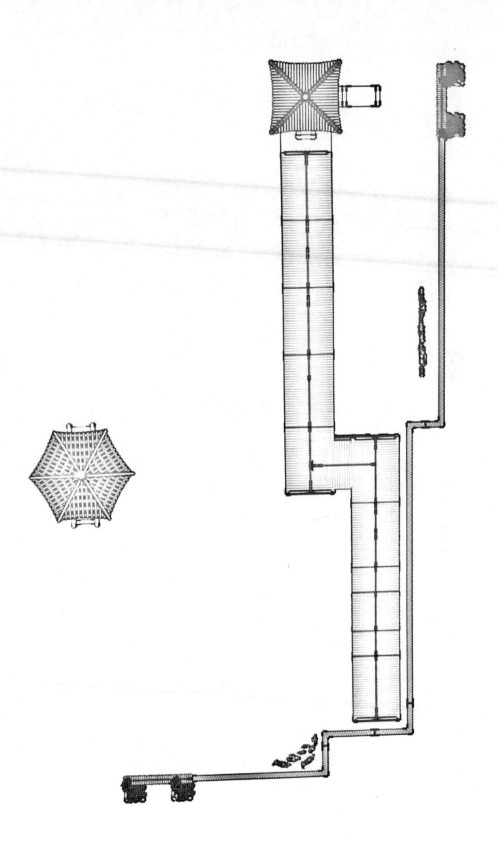

单元二 —————————

江南园林洞门和漏窗中的文化含义

一、训练目的

① 理解和赏析江南园林洞门和漏窗中的象征含义。

② 掌握中式园林工程洞门和漏窗的基本图案构成原理和适用范围。

二、任务及要求

 课后作业:
江南园林洞门和漏窗图案赏析及抄绘

1.江南园林洞门和漏窗图案赏析

任务要求:

查找拙政园等江南园林洞门和漏窗相关资料,结合相关园林的建设背景、人文特色等资料研究及分析洞门和漏窗内在的文化含义。

成果要求:

抄绘江南园林洞门和漏窗有代表性的图片至少各2幅,并加以分析及文字说明。要求图文并茂、条理清晰。打印出来后整齐地贴在下面的图框内。

2.江南园林洞门和漏窗手绘效果图临摹练习

任务要求:

认真学习课本中洞门和漏窗的图片及教学视频,然后完成相应的手绘临摹练习。

成果要求:

先自行打印草稿进行手绘练习,然后在下面图框内完成手绘临摹练习,至少各1幅。

项目实践：

中式园林景观方案中的洞门和漏窗图案设计

任务要求：

结合江南园林中洞门和漏窗的文化含义，完成某中式小庭园立面图中月洞门及漏窗的图案设计及手绘效果图绘制。

拙政园洞门及漏窗实景

成果要求：

先自行打印草稿进行手绘练习，然后完成以下小庭园立面图中围墙上洞门和漏窗的设计及手绘效果图绘制，并需对相关设计的象征含义、图案特色等加以具体的分析和说明（注：立面中的洞门、漏窗具体形状可自行调整及设计）。

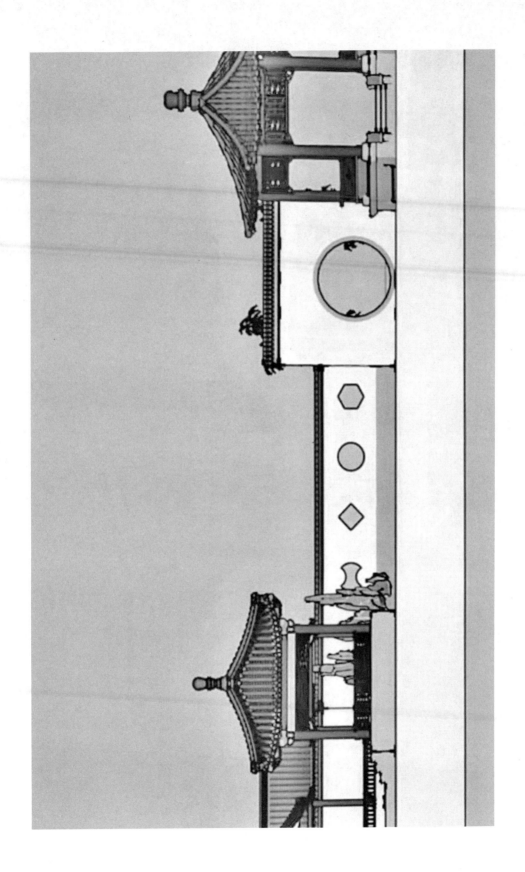

模块五

园林景观手绘之透视图的表现

单元一

透视原理及传统园林中的透视运用

一、训练目的

① 了解透视图的形成原理及透视类型。

② 掌握透视图手绘表达基本要点。

二、任务及要求

 课后作业：

中式小园景线性空间透视图临摹练习

任务要求：

线性空间是中国传统园林造景时常用的一种园林空间。该空间形成的画面会凝聚并消失于一点（灭点），因而具有强烈的纵深感。认真观察课本中相关园林图片，找出其灭点所在的位置，并完成一点透视效果图的临摹练习。

成果要求：

先用铅笔在草稿上勾勒出空间大致形状底稿，然后进行马克笔手绘练习。注意建筑、配景尺寸要符合"近大远小"并最终汇聚一点的空间透视规律，才能形成线性空间特有的曲径通幽特色。

项目实践：
中式园林庭园空间分析

任务要求：

中国传统园林常采用"先抑后扬"的造园手法，在进入层次丰富的围合式庭院空间之前创造一些相对幽暗、连贯的线性引导空间，因强烈的空间开合关系而产生曲径通幽、豁然开朗、柳暗花明的感觉。认真学习和分析苏州园林的空间构造手法，并对模块四中已完成的中式小庭园平面图进行设计完善及空间分析。

江南园林实景

成果要求：

先完善庭园空间各部分设计内容，在长廊及庭院周围适当增加隔墙的设置，并在人流路线、视线组织等方面对隔墙设置原因加以进一步具体的分析和说明，然后完成庭园方案设计平面手绘分析图绘制。

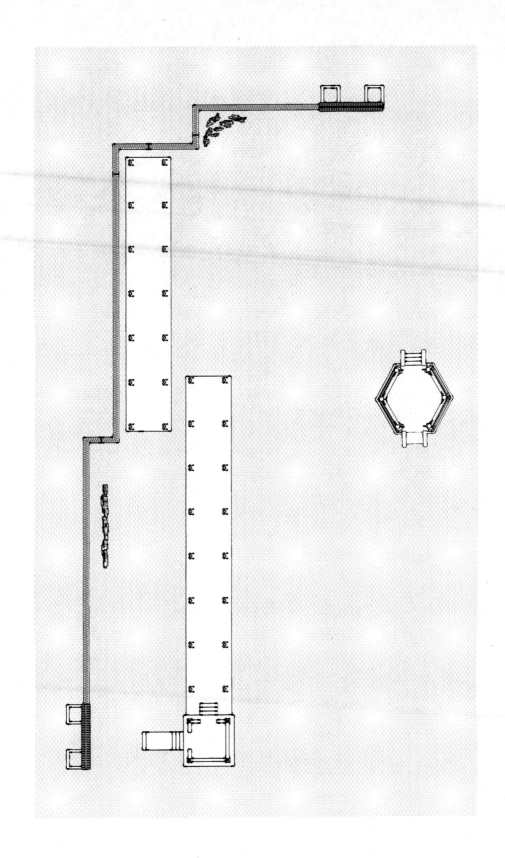

曲径通幽的中式园林一点透视效果图画法

一、训练目的

① 理解中国传统园林色彩搭配的美学精华。

② 掌握一点透视效果图手绘线条及色彩表达基本要点。

二、任务及要求

课后作业：

中式小园景一点透视效果图临摹练习

任务要求：

认真学习课本中的图片及教学视频，完成中式园林平面手绘练习。

成果要求：

先自行打印草稿进行手绘练习，然后在下面图框中完成对给定透视效果图中假山、植物等配景的临摹手绘练习。注意配景尺寸要符合"近大远小"的空间透视规律。

项目实践:
中式园林景观方案一点透视图手绘

任务要求:

认真分析以下中式小庭园平面,以及从方亭一侧望向长廊的一点透视图,先对应之前的平面图设计将园路、水体、植物、假山等部分补充完整,然后完成手绘效果图的绘制。

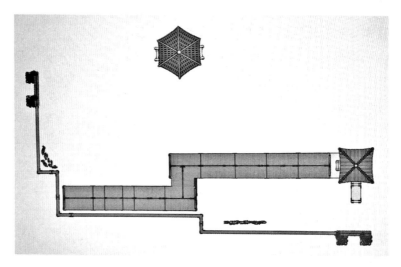

平面图

中式小庭园一点透视图

成果要求:

先自行打印草稿进行设计及手绘练习。注意建筑、树木、假山的大小要沿由灭点发出的放射控制线形成近大远小的透视效果,以形成一点透视园林景观特有的、较强烈的纵深感。

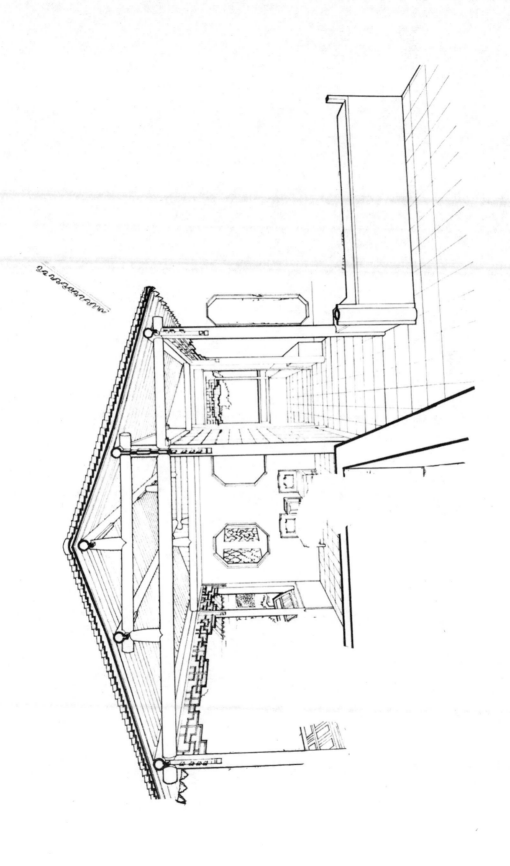

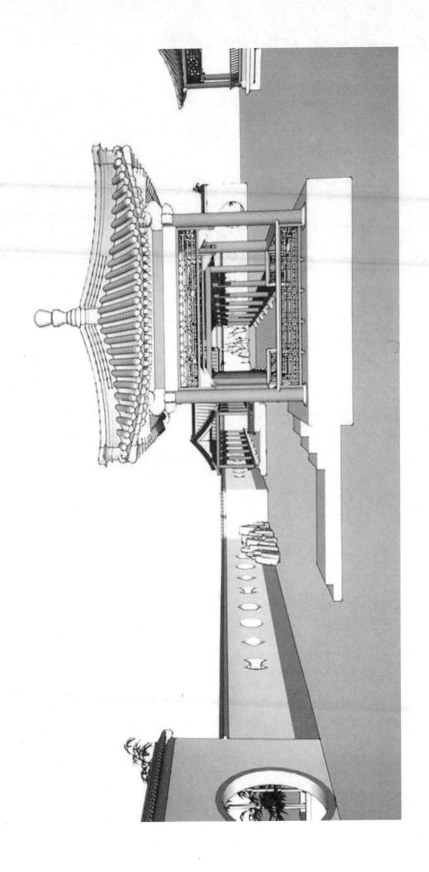

庭院深深的中式园林轴测效果图画法

一、训练目的

① 理解中国传统园林色彩搭配的美学精华。

② 掌握轴测效果图手绘线条及色彩表达基本要点。

二、任务及要求

课后作业：

中式小园景轴测效果图临摹练习

任务要求：

认真学习课本中相关手绘图片的教学视频，完成中式园林轴测图的临摹手绘练习。

成果要求：

先自行在草稿上进行手绘练习，然后在图框内完成庭园轴测手绘图的临摹绘制练习。可结合自身手绘能力完成该轴测图局部或整体的临摹手绘练习，注意要控制图面的整体效果，虚实过渡要自然。

项目实践：
中式园林景观方案轴测图手绘

任务要求：

认真分析以下中式小庭园布局图，先对应之前的设计方案将隔墙、园路、水体、植物、假山等部分进行补充及完善，然后完成手绘轴测效果图的绘制。

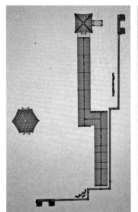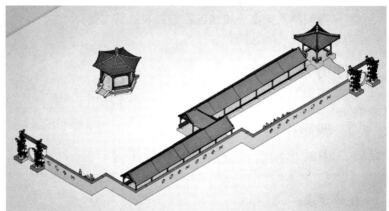

中式小庭园平面及效果图

成果要求：

先自行打印草稿进行手绘练习，然后完成下面小庭园轴测效果手绘图的绘制，注意画面要有远、中、近景的层次感，要形成中式传统园林景观特有的庭院深深的效果。

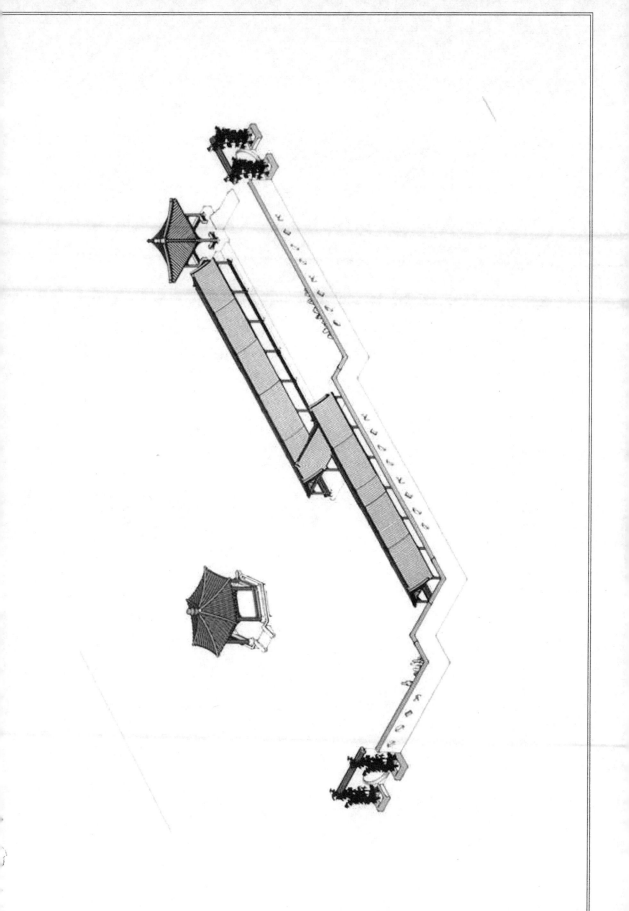